1 MATEMÀTIQUES

PRIMER TRIMESTRE

PRIMER CICLE **PRIMÀRIA**

BAULA

El 0,7% de la venda d'aquest llibre es destina a projectes de desenvolupament de l'ONGD SED (www.sed-ongd.org).

SITUACIONS D'APRENENTATGE

Repassa el que has après i resol desafiaments nous i altres situacions d'aprenentatge consultant el teu llibre de SABERS.

1 UNA COVA AMB SECRET

LA LAIA I EL PAU VOLEN ARRIBAR A LA COVA, ON ELS ESPERA UN GRAN TRESOR. QUIN CAMÍ HAN DE SEGUIR?

A LA COVA HI HA MOLTS OBJECTES PER PORTAR AL MUSEU. LA LAIA ELS HA DE COMPTAR I FER-NE UN INVENTARI. L'AJUDES?

QUÈ EN SABEM?

1 ASSENYALA ON HI HA NOMBRES.

2 REPASSA ELS NOMBRES.

1 A 3 0 5 I 6 E

8 U 0 2 0 4 7

3 COMPTA I UNEIX AMB EL NOMBRE CORRESPONENT.

4 9 7 6

ORDENA ELS TEUS NOMBRES MÒBILS DEL 0 AL 9.

PER ON COMENCEM?

1 **QUÈ ÉS UN INVENTARI? ENCERCLA COM HO POTS ESBRINAR.**

2 **ARA QUE JA SAPS QUÈ ÉS, QUÈ NECESSITES PER A LA TEVA MISSIÓ? PINTA ELS REQUADRES.**

COMPTAR

AGRUPAR

ESCRIURE NOMBRES

COMPARAR

ORGANITZA LES TASQUES AL TEU KANBAN. COMENCEM!

IDENTIFIQUEM UNA DESENA

UNA DESENA ÉS UN GRUP DE 10 ELEMENTS O UNITATS.

10 BALES

1 DESENA DE BALES

10 UNITATS	1 DESENA
10 U	1 D

AL NOSTRE COS TAMBÉ HI HA DESENES. QUANTS DITS TENS? COMPTA'LS.

UNA DESENA S'OBTÉ DE DIFERENTS MANERES.

→ 5 i 5

→ 6 i 4

→ 7 i 3

→ 8 i 2

→ 9 i 1

COMPROVA-HO AMB EL TEU MATERIAL.

1 D

10 U

PRACTIQUEM I AVANCEM

1 POSA UN ADHESIU ON HI HAGI UNA DESENA.

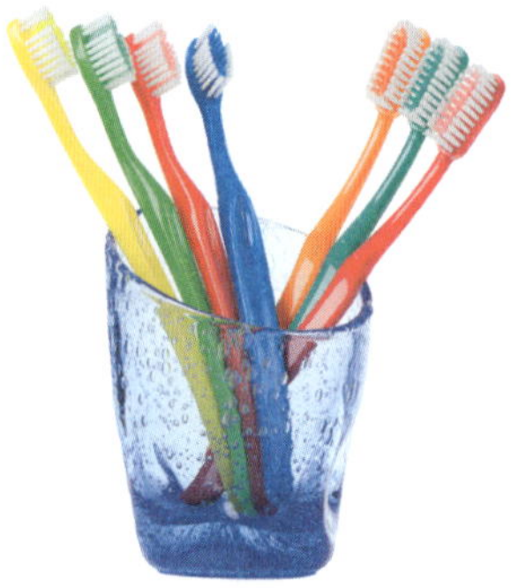

2 PINTA L'AFIRMACIÓ CORRECTA.

10  SÓN 1 DESENA DE 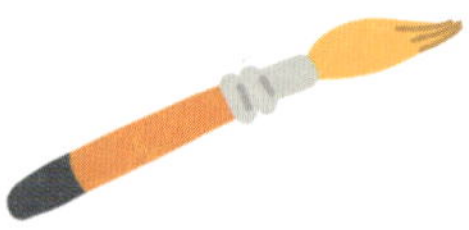

7  SÓN 1 DESENA D' 

3 QUANTS CAMIONS HI HA? COMPTA I COMPLETA.

2 5

4 **ENCERCLA GRUPS DE 10 I ESCRIU.**

EN TOTAL HI HA ☐ DESENES DE PECES DE FRUITA.

5 **DIBUIXA PERQUÈ CADA FITXA TINGUI 10 PUNTS. FORMEU PARELLES I COMPLETEU L'ÚLTIMA.**

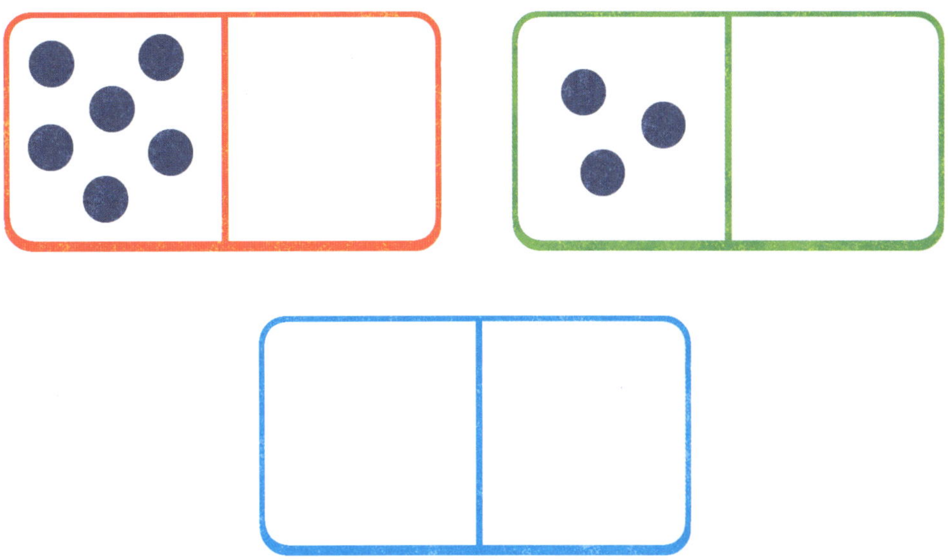

RECONEIXEM NOMBRES FINS AL 29

ELS NOMBRES REPRESENTEN QUANTITATS. A PARTIR DEL 10 S'AGRUPEN PER DESENES I S'HI AFEGEIXEN UNITATS. FINS AL 29 S'ESCRIUEN AMB UNA PARAULA.

PER FER L'INVENTARI NECESSITES CONÈIXER ELS NOMBRES.

10 i 1

1 DESENA i **1** UNITAT

11
ONZE

10 i 2

1 DESENA i **2** UNITATS

12
DOTZE

10 i 3

1 DESENA i **3** UNITATS

13
TRETZE

10 i 4

1 DESENA i **4** UNITATS

14
CATORZE

10 i 5

1 DESENA i **5** UNITATS

15
QUINZE

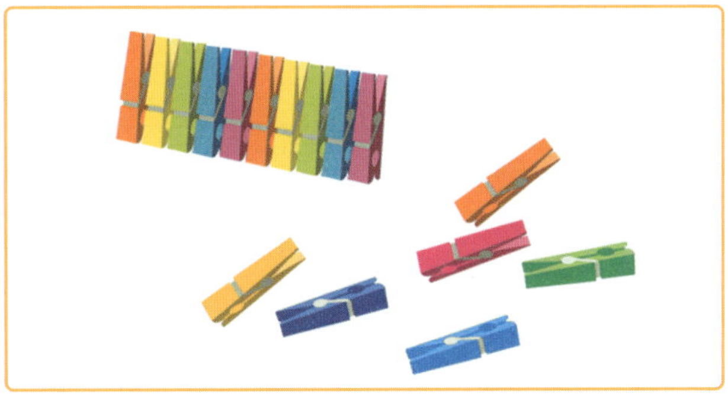

10 i 6

1 DESENA i **6** UNITATS

16 SETZE

10 i 9

1 DESENA i **9** UNITATS

19 DINOU

ELS NOMBRES COMPOSTOS PER 2 DESENES S'ANOMENEN AMB LA PARAULA **VINT** DAVANT.

10 i 10 i 0

20 i 0

2 DESENES i **0** UNITATS

20 VINT

10 i 10 i 3

20 i 3

2 DESENES i **3** UNITATS

23 VINT-I-TRES

PRACTIQUEM I AVANCEM

1 COMPLETA I PINTA.

12	DOTZE	
17	DISSET	
22	VINT-I-DOS	
25	VINT-I-CINC	
28	VINT-I-VUIT	

2 COMPLETA LA SÈRIE I CONTESTA.

20	21	19	22	24	23	18
M	I	A	L	A	I	F

-

18 →	19 →	→	→	→	→	
F	A					

▶ QUINA ÉS LA PARAULA SECRETA? ....

3 ESCRIU.

-

3 NOMBRES AMB 1 DESENA

4 NOMBRES AMB 2 DESENES

RECONEIXEM NOMBRES FINS AL 49

ELS NOMBRES COMPOSTOS PER 3 DESENES S'ANOMENEN AMB LA PARAULA **TRENTA** DAVANT.

10 i 10 i 10 i 0

30 i 0

3 DESENES i **0** UNITATS

30 TRENTA

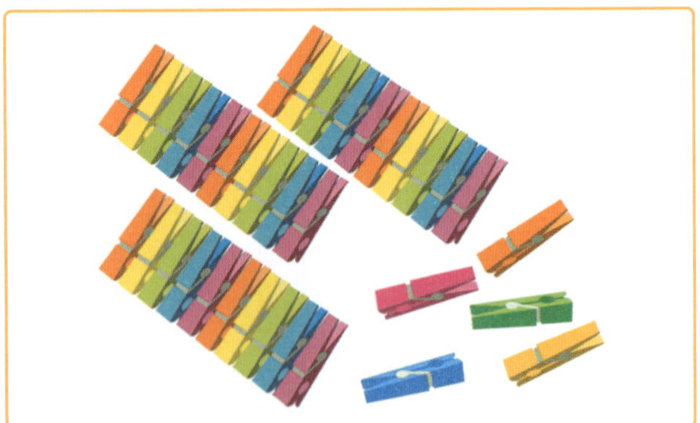

10 i 10 i 10 i 5

30 i 5

3 DESENES i **5** UNITATS

35 TRENTA-CINC

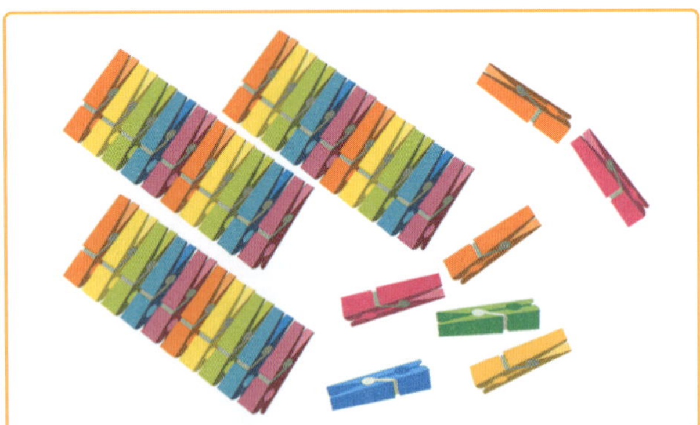

10 i 10 i 10 i 7

30 i 7

3 DESENES i **7** UNITATS

37 TRENTA-SET

QUANTES PINCES HI HA?

ELS NOMBRES COMPOSTOS PER 4 DESENES S'ANOMENEN AMB LA PARAULA **QUARANTA** DAVANT.

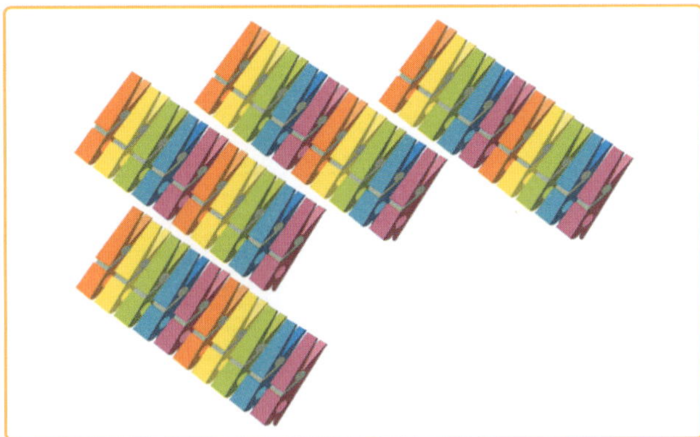

10 i 10 i 10 i 10 i 0

40 i 0

4 DESENES i **0** UNITATS

40 QUARANTA

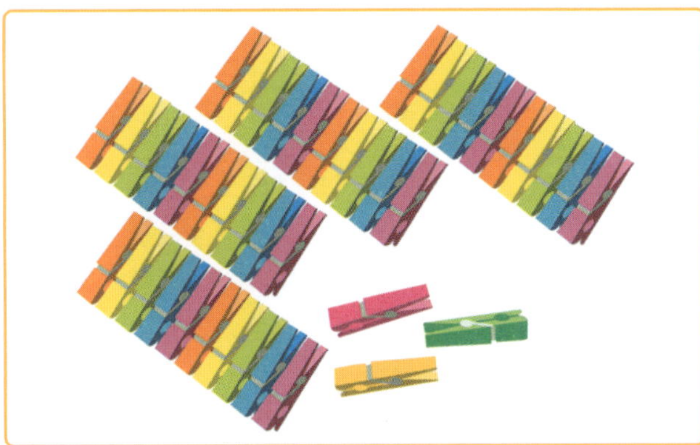

10 i 10 i 10 i 10 i 3

40 i 3

4 DESENES i **3** UNITATS

43 QUARANTA-TRES

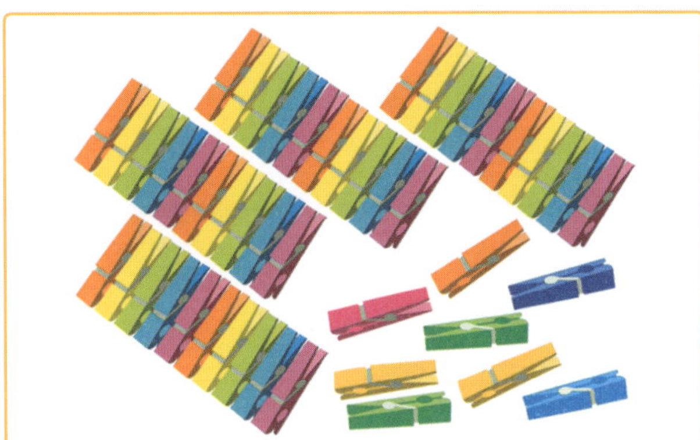

10 i 10 i 10 i 10 i 8

40 i 8

4 DESENES i **8** UNITATS

48 QUARANTA-VUIT

PRACTIQUEM I AVANCEM

1 RASCA, ENGANXA I REPASSA.

27

VINT-I-SET

19

DINOU

45

QUARANTA-CINC

2 PINTA DEL MATEIX COLOR SEGONS CORRESPONGUI.

40	16	37	21
1 D i 6 U	2 D i 1 U	4 D	3 D i 7 U

FIXA'T EN LA PISTA DE CADA PANTALLA!

3 **ESCRIU ELS NOMBRES DE CADA CONTRASENYA I COMPLETA-LA AMB UN MÉS.**

24	48	12	33	16	29
30	18	45	23	42	37

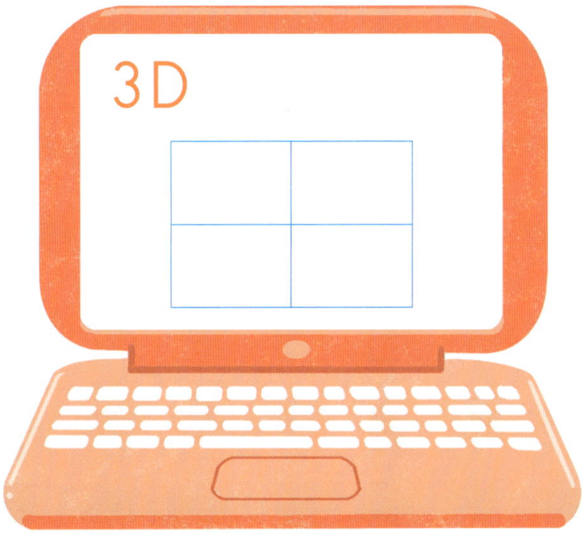

4 **QUIN NOMBRE DE L'1 AL 9 TÉ TANTES LLETRES COM LA QUANTITAT QUE EXPRESSA? COMENTA-HO.**

FEM SERVIR LA RECTA NUMÈRICA

LA RECTA NUMÈRICA ÉS UNA LÍNIA ON SE SITUEN ELS NOMBRES SEGUINT EL SEU ORDRE.

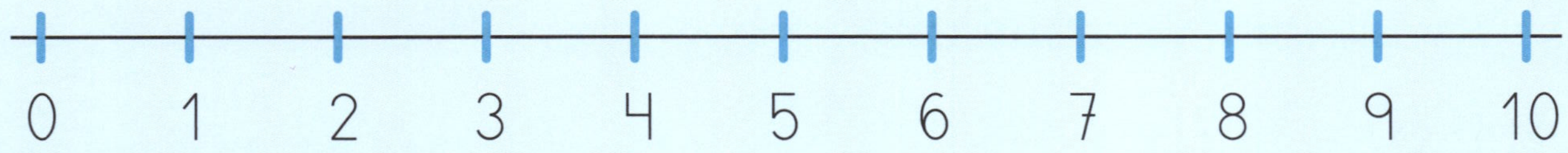

ÉS MOLT ÚTIL I ENS AJUDA A:

1

COMPTAR CAP ENDAVANT I CAP ENRERE.

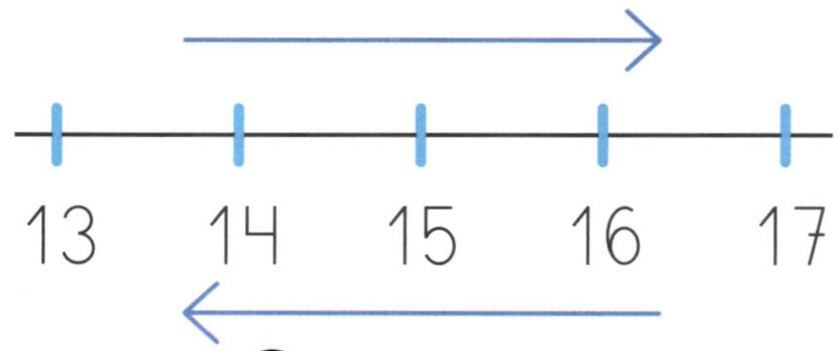

11 12 13 (14) 15 16 (17) 18 19 20 (21) 22 23 24 25

2

SABER QUINS NOMBRES HI HA ENTRE ALTRES DOS.

(14) 15 16 (17)

3

CONÈIXER ELS NOMBRES ANTERIORS.

19 20 21 (22)

4

I ELS POSTERIORS.

(19) 20 21 22

alerta!

PER CONÈIXER ELS NOMBRES, CAL SABER-NE L'ORDRE.

PRACTIQUEM I AVANCEM

1 ESCRIU ELS NOMBRES QUE FALTEN EN AQUESTES RECTES NUMÈRIQUES.

0	1	2	3	4	5	6	7		9
10	11	12	13	14		16	17	18	19
20	21		23	24	25		27	28	
30	31	32	33		35	36		38	
40		42	43		45	46	47		49

ENCERCLA ELS NOMBRES QUE HI HA ENTRE EL 31 I EL 35.

2 ESCRIU ELS NOMBRES IMMEDIATAMENT ANTERIORS I POSTERIORS.

7	8	9
	35	

	23	
	40	

3 **DIBUIXA UNA RECTA NUMÈRICA. TRIA UN NOMBRE PER AL PRINCIPI I UN ALTRE PER AL FINAL I COMPLETA-LA.**

FES SERVIR ELS TEUS NOMBRES MÒBILS PER FORMAR LA RECTA NUMÈRICA ABANS DE DIBUIXAR-LA.

PENSA UN NOMBRE I DONA PISTES PERQUÈ LA RESTA DE LA CLASSE L'ENDEVINI.

RESOLEM OBSERVANT UN DIBUIX

HI HA PROBLEMES QUE ES RESOLEN AMB LES DADES QUE PROPORCIONEN UNA O DIVERSES IMATGES. FIXA'T EN AQUEST EXEMPLE.

L'ANNA, LA CLARA I L'ÀLEX SÓN COSINES. SEMPRE ESTAN JUNTES. QUI ÉS LA MÉS ALTA DE LES TRES? ENCERCLA-LA.

COMPROVA QUE CAP D'ELLES ESTIGUI DAMUNT D'UN ESCALÓ.

COM ES DIU LA NENA MÉS ALTA?

L'ANNA PORTA  **. LA CLARA PORTA**  **. L'ÀLEX PORTA**  **.**

LA NENA MÉS ALTA ES DIU ÀLEX.

L'ÀLEX TÉ AQUESTA CAPSA. POT DONAR UNA PILOTA I UNA CARTA A CADASCUNA DE LES SEVES COSINES?

UNA MATEIXA PREGUNTA LA POTS RESOLDRE DE DIFERENTS MANERES.

ES POT RATLLAR AL DIBUIX UNA PILOTA I UNA CARTA PER A CADA COSINA I COMPROVAR SI N'HI HA PROU.

SÍ QUE EN POT DONAR UNA A CADA UNA.

O TAMBÉ ES PODEN COMPTAR LES PILOTES I CARTES QUE HI HA A LA CAPSA DE L'ÀLEX I COMPARAR-LES AMB EL NOMBRE DE NENES.

HI HA 3 PILOTES I SÓN 2 NENES.

HI HA 5 CARTES I SÓN 2 NENES.

SÍ, POT DONAR UNA PILOTA I UNA CARTA A CADA COSINA.

PRACTIQUEM I AVANCEM

1 **HEM FET AQUEST MURAL A CLASSE. ÉS CERTA AQUESTA INFORMACIÓ?**

ÉS IMPORTANT QUE ENTENGUIS BÉ EL QUE S'HA DE RESOLDRE.

MARCA ✔ SI ÉS CERT O ✘ SI NO HO ÉS.

TOTS ELS PEIXOS SÓN . ☐

NO TOTS ELS PEIXOS SÓN . ☐

NO HI HA MÉS PEIXOS QUE PEIXOS . ☐

HI HA MÉS PEIXOS QUE PEIXOS . ☐

HI HA TANTS PEIXOS COM . ☐

UN PEIX S'HA DESENGANXAT I HA CAIGUT. DE QUIN COLOR ÉS?

EL PEIX ÉS DE COLOR ______________________________ .

QUANTS PEIXOS I DE QUIN COLOR CAL AFEGIR-HI PERQUÈ HI HAGI MÉS PEIXOS BLAUS QUE VERMELLS? POSA-HI ELS ADHESIUS.

2 TOTS HEU RESOLT EL PROBLEMA DE LA MATEIXA MANERA?

SÍ ☐ NO ☐

QUÈ HEM APRÈS?

1 **UNEIX I REPASSA EL QUE HAS APRÈS.**

SERVEIXEN PER COMPTAR I INDICAR QUANTITATS.

10 UNITATS SÓN 1 DESENA.

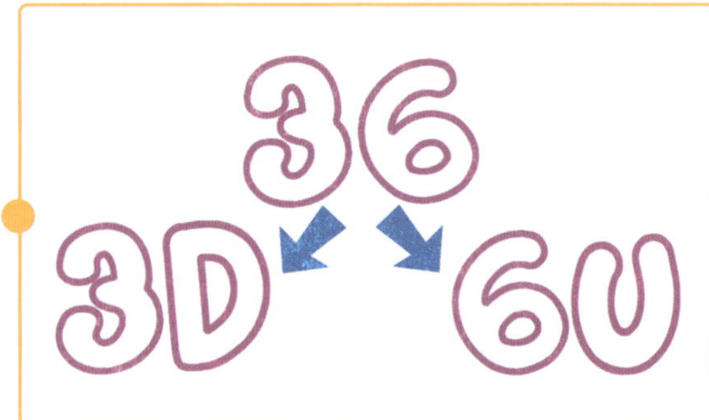

ESTAN FORMATS PER DESENES I UNITATS.

ORDENA ELS NOMBRES I EN DONA LA POSICIÓ.

NO T'OBLIDIS DE COMPROVAR LES TASQUES DEL TEU KANBAN. LES HAS FET TOTES?

QUÈ HI HA A LA COVA?

LA COVA AMAGA UN GRAN TRESOR. SE N'HA DE FER L'INVENTARI. COMPLETA I DESPRÈN EL FORMULARI PER AL MUSEU.

1. OBSERVA.
2. COMPTA ELS OBJECTES I ESCRIU QUANTS N'HI HA.
3. ESCRIU O REPASSA EL NOM DE CADA NOMBRE.

ASSEGURA'T QUE ELS NOMBRES ESTAN EN ORDRE A L'INVENTARI. ÉS MÉS FÀCIL PER AL MUSEU!

2 ENIGMA AL BOSC

ETS A PUNT D'ENTRAR EN UN BOSC MÀGIC.
T'ATREVEIXES A RESOLDRE ELS ENIGMES PER SABER QUI HI VIU?
RASCA I ENGANXA LES SOLUCIONS.

AL BOSC HI FAN FALTA CAIXES NIU PER ALS OCELLS. S'HA ORGANITZAT UNA RIFA PER PODER-LES COMPRAR I T'HA TOCAT A TU FER-NE ELS BITLLETS!

QUÈ EN SABEM?

ENCERCLA AMB VERMELL ELS NOMBRES QUE TENEN EL 3 A LES UNITATS I AMB VERD, ELS QUE TENEN EL 4 A LES DESENES.

TRIA UN DELS NOMBRES I, AMB ELS TEUS NOMBRES MÒBILS, FORMA'N L'IMMEDIATAMENT ANTERIOR I EL POSTERIOR.

PER ON COMENCEM?

1 **INVESTIGA COM ÉS UN BITLLET PER A UNA RIFA I MARCA LA IMATGE CORRECTA.**

2 **QUÈ HAS DE SABER PER FER UNA RIFA? PINTA LES BAFARADES.**

- ESCRIURE I LLEGIR NOMBRES.

  12, DOTZE

- AGRUPAR ELS NOMBRES DE 10 EN 10.

  10, 11, 12, 13, 14,
  15, 16, 17, 18, 19

- COMPARAR NOMBRES.

  35 = 35

RECORDA QUE EL TEU KANBAN T'AJUDA A ORGANITZAR-TE.

RECONEIXEM NOMBRES FINS AL 69

ELS NOMBRES QUE TENEN 5 DESENES S'ANOMENEN AMB LA PARAULA **CINQUANTA** DAVANT.

10 i 10 i 10 i 10 i 10 i 0

50 i 0

5 DESENES i **0** UNITATS

50

CINQUANTA

10 i 10 i 10 i 10 i 10 i 2

50 i 2

5 DESENES i **2** UNITATS

52

CINQUANTA-DOS

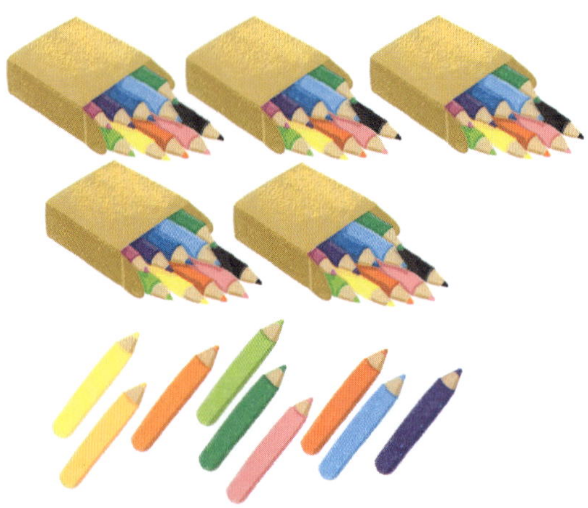

10 i 10 i 10 i 10 i 10 i 9

50 i 9

5 DESENES i **9** UNITATS

59

CINQUANTA-NOU

PER FER UN BITLLET ÉS IMPORTANT SABER L'ORDRE DELS NOMBRES.

ELS NOMBRES QUE TENEN 6 DESENES S'ANOMENEN AMB LA PARAULA **SEIXANTA** DAVANT.

10 i 10 i 10 i 10 i 10 i 10 i 0

60	i 0
6 DESENES	i **0** UNITATS

60

SEIXANTA

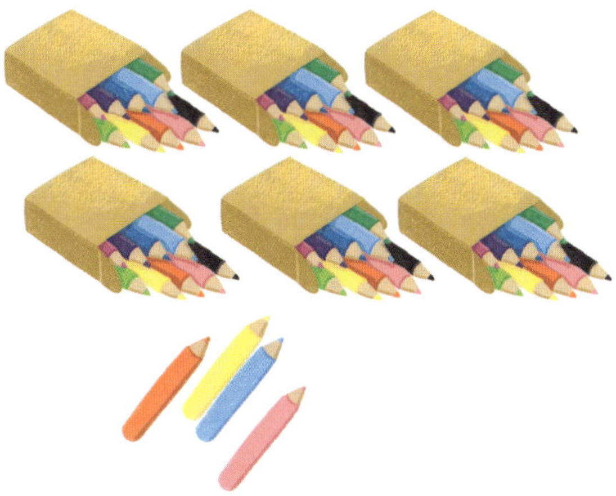

10 i 10 i 10 i 10 i 10 i 10 i 4

60	i 4
6 DESENES	i **4** UNITATS

64

SEIXANTA-QUATRE

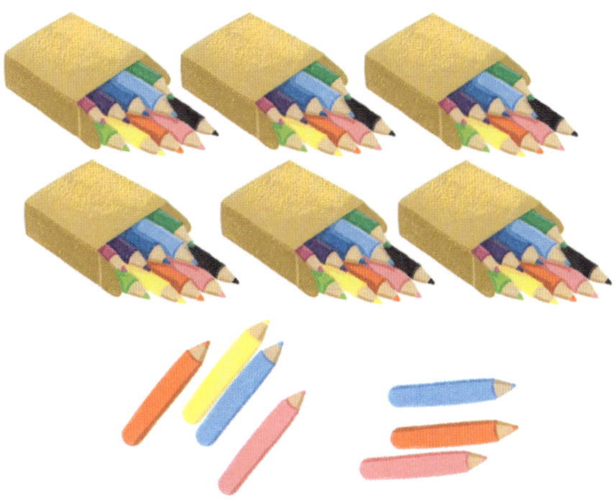

10 i 10 i 10 i 10 i 10 i 10 i 7

60	i 7
6 DESENES	i **7** UNITATS

67

SEIXANTA-SET

PRACTIQUEM I AVANCEM

FES SERVIR LES FITXES DEL TEU MATERIAL PER COMPONDRE ELS NOMBRES.

1 REPASSA I UNEIX.

CINQUANTA-U ●	● 65
SEIXANTA-TRES ●	● 57
CINQUANTA-CINC ●	● 51
SEIXANTA-CINC ●	● 55
CINQUANTA-SET ●	● 63

2 ESCRIU EL NOMBRE QUE CORRESPONGUI.

5 DESENES i 4 UNITATS	6 DESENES i 9 UNITATS	6 DESENES i 6 UNITATS
↓ ☐	↓ ☐	↓ ☐

3 OBSERVA LES ESTRELLES I ESCRIU EL NOMBRE QUE TAPEN.

50	★	52	53	54	55	★	57	58	59
60	61	62	63	★	65	66	67	★	69

★ → 51 ★ → ___

★ → ___ ★ → ___

4 ESCRIU AMB LLETRES QUANTS N'HI HA.

____

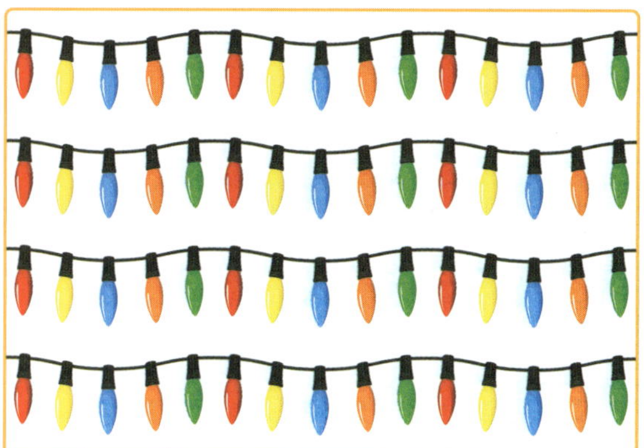

____

RECONEIXEM NOMBRES FINS AL 99

ELS NOMBRES COMPOSTOS PER 7 DESENES S'ANOMENEN AMB LA PARAULA **SETANTA** DAVANT.

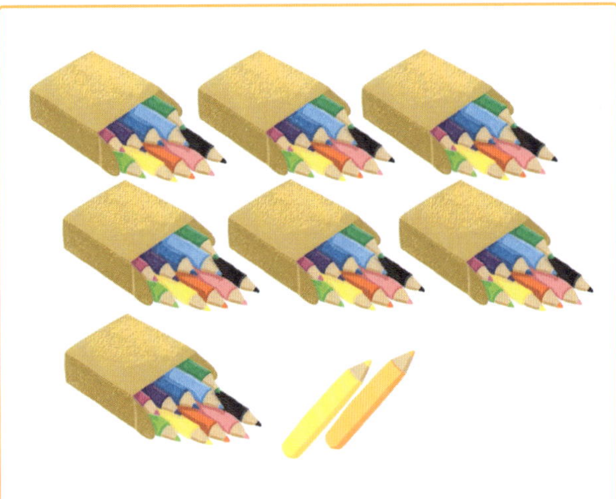

10 i 10 i 10 i 10 i 10 i 10 i 10 i 2

70	i 2
7 DESENES	i **2** UNITATS

72

SETANTA-DOS

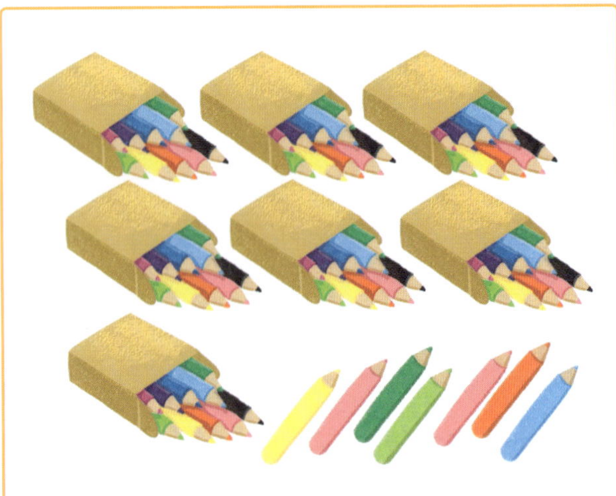

10 i 10 i 10 i 10 i 10 i 10 i 10 i 7

70	i 7
7 DESENES	i **7** UNITATS

77

SETANTA-SET

FIXA-T'HI, ELS NOMBRES DEL 10 AL 99 SÓN NOMBRES DE DUES XIFRES.

QUANTS LLAPIS HI HA?

ELS NOMBRES AMB 8 DESENES S'ANOMENEN AMB LA PARAULA **VUITANTA** DAVANT, I ELS DE 9, AMB LA PARAULA **NORANTA**.

10 i 10 i 10 i 10 i 10

i 10 i 10 i 10 i 2

80 i 2

8 DESENES i **2** UNITATS

82

VUITANTA-DOS

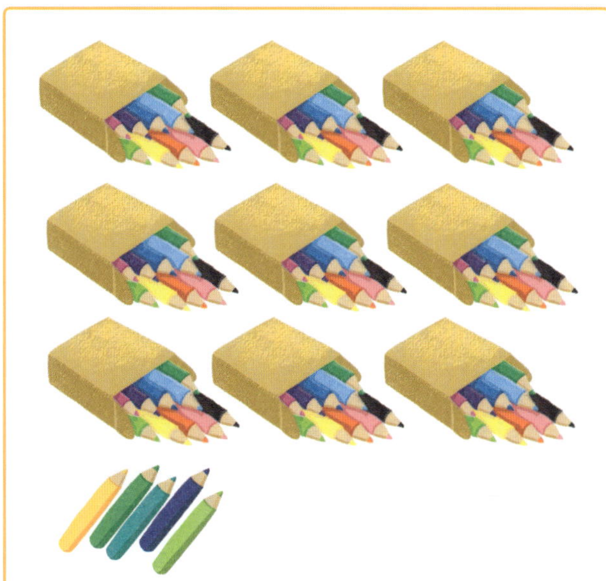

10 i 10 i 10 i 10 i 10 i 10

i 10 i 10 i 10 i 5

90 i 5

9 DESENES i **5** UNITATS

95

NORANTA-CINC

PRACTIQUEM I AVANCEM

1 COMPLETA EL CAMÍ.

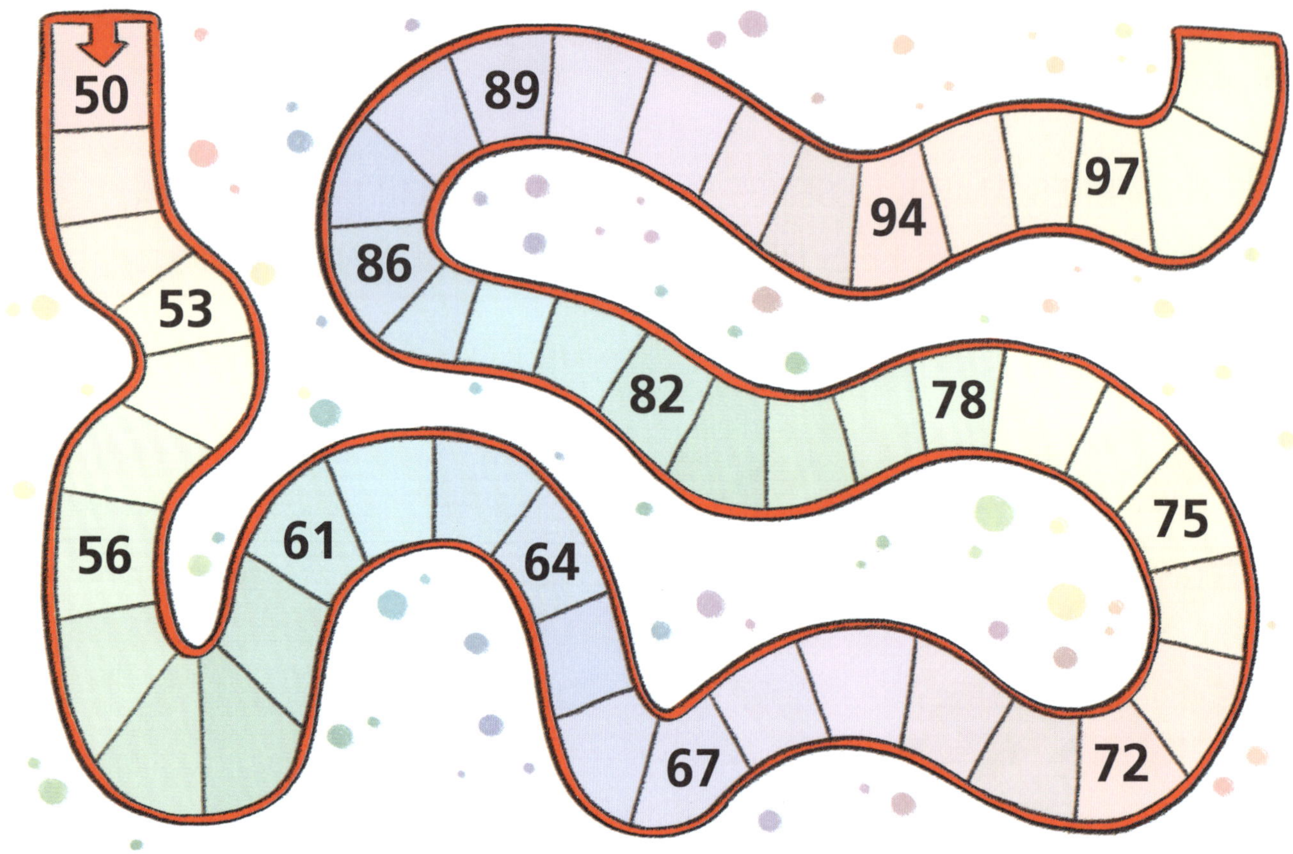

2 ESCRIU AMB NOMBRES O AMB LLETRES SEGONS CORRESPONGUI.

- CINQUANTA-TRES → ☐
- 7 DESENES I 5 UNITATS → ☐
- VUITANTA-QUATRE → ☐
- 90 → ....
- 61 → ....

3 TRIA DOS NOMBRES DEL QUADRE I DIBUIXA UN NOMBRE DE DUES XIFRES.

COM S'ESCRIU AMB LLETRES?

4 COMPTA DE 2 EN 2 I COMPLETA LA SÈRIE.

IDENTIFIQUEM DESENES EXACTES

CADA BITLLET DE LA RIFA INCLOU UNA DESENA COMPLETA DE NOMBRES.

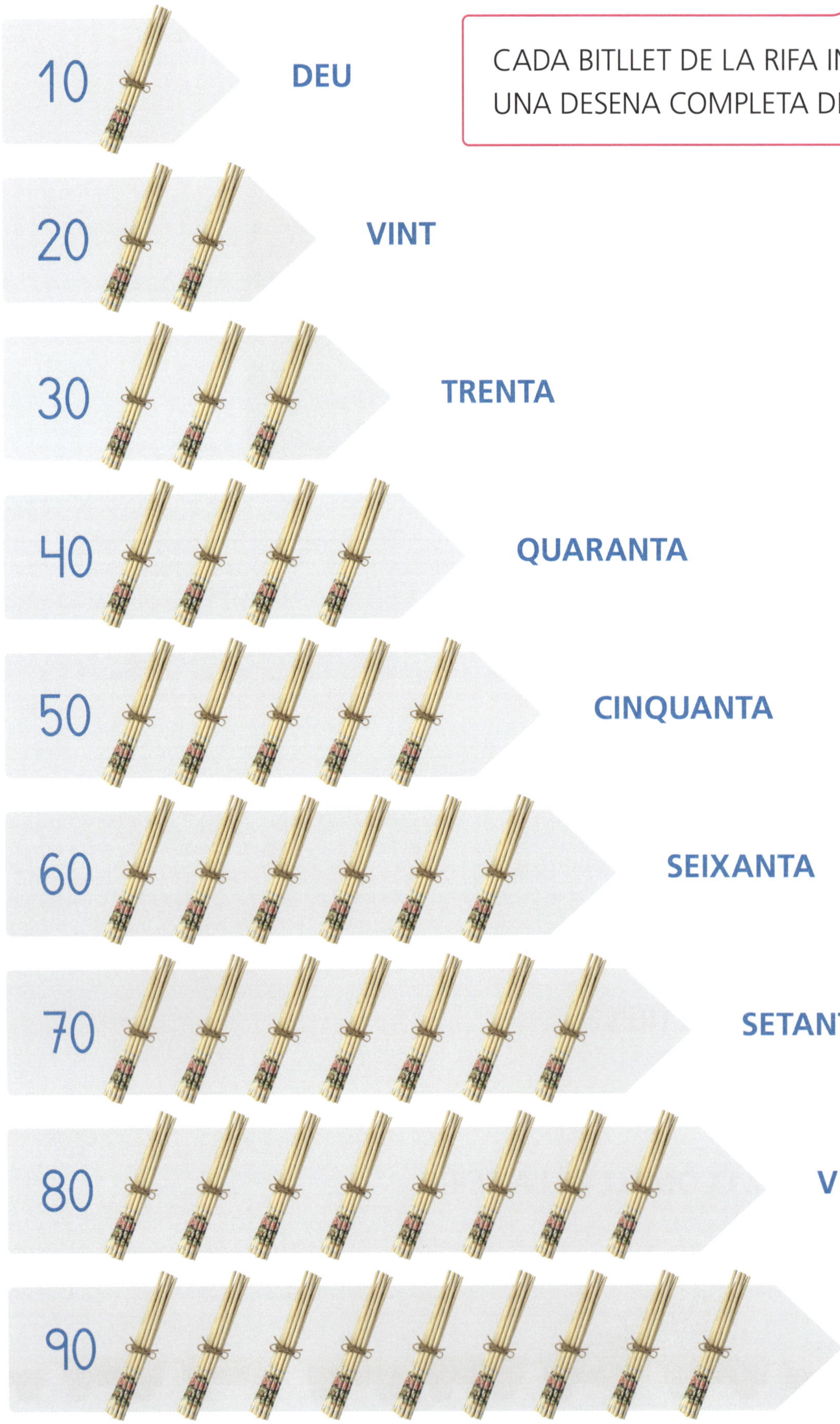

DEU

VINT

TRENTA

QUARANTA

CINQUANTA

SEIXANTA

SETANTA

VUITANTA

NORANTA

QUAN AFEGIM 1 UNITAT ALS NOMBRES AMB 9 UNITATS, CANVIA LA XIFRA DE LES DESENES. N'HI HA UNA MÉS.

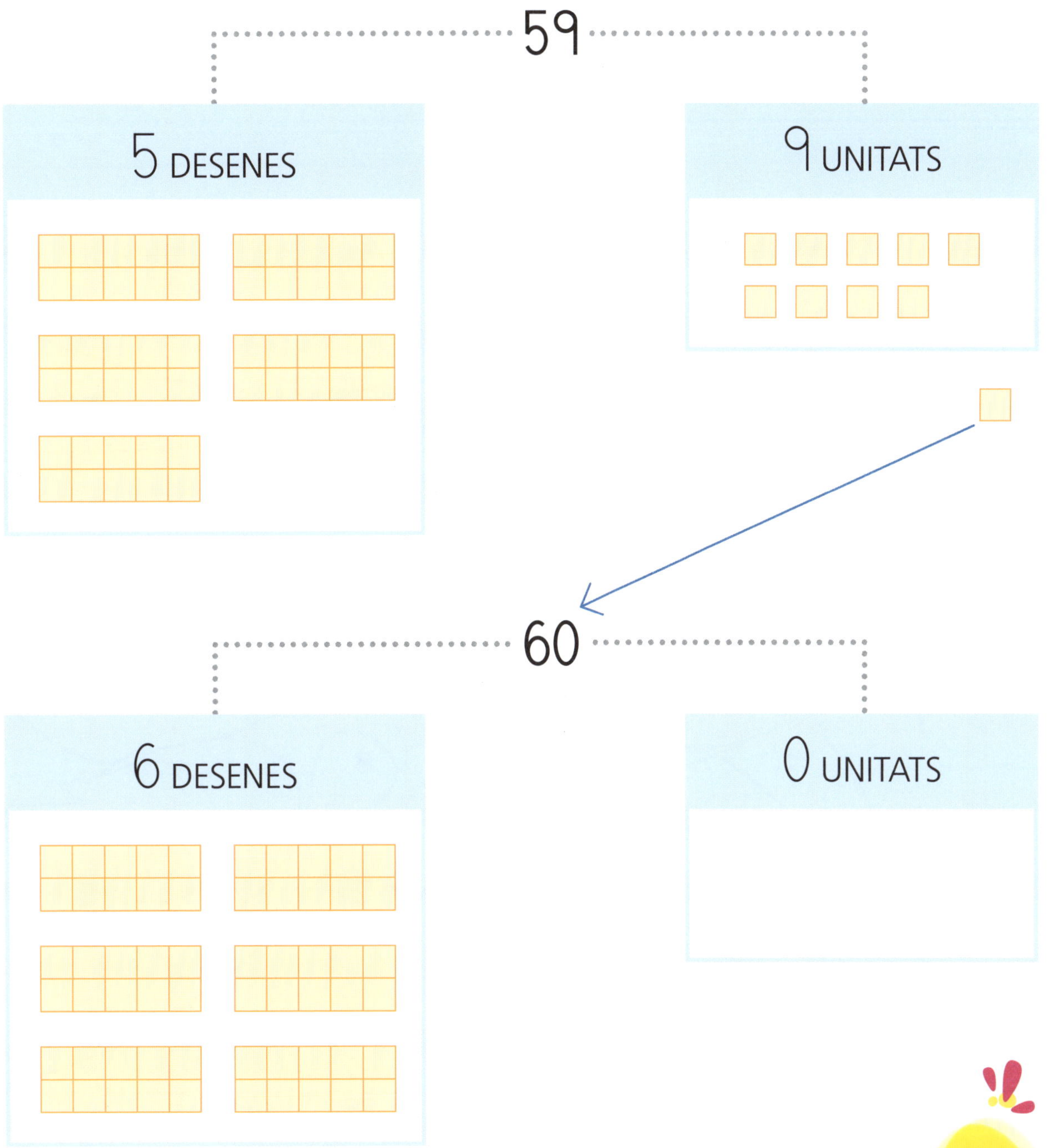

FES SERVIR EL TEU MATERIAL PER FORMAR DESENES EXACTES.

PRACTIQUEM I AVANCEM

1 **PINTA SEGONS EL CODI.**

10 20 30 40 50 60 70 80 90

2 **ÉS CORRECTE? COMPROVA-HO AMB EL TEU MATERIAL.**

SI A 7 DESENES I 9 UNITATS HI AFEGEIXO
1 UNITAT, TINC 90 UNITATS.

SÍ NO

3 LLEGEIX I ESCRIU UN NOMBRE.

- AMB UN 5 A LES UNITATS. ☐
- AMB UN 8 A LES DESENES. ☐
- ANTERIOR AL 53. ☐
- AMB UN 3 A LES DESENES. ☐
- POSTERIOR AL 69. ☐
- AMB UN 0 A LES UNITATS. ☐
- IMMEDIATAMENT ANTERIOR AL 61. ☐

PER PARELLES, ENCERCLEU ELS NOMBRES QUE TENIU IGUALS.

COOPERATIU
El full giratori per parelles

4 COMPLETA.

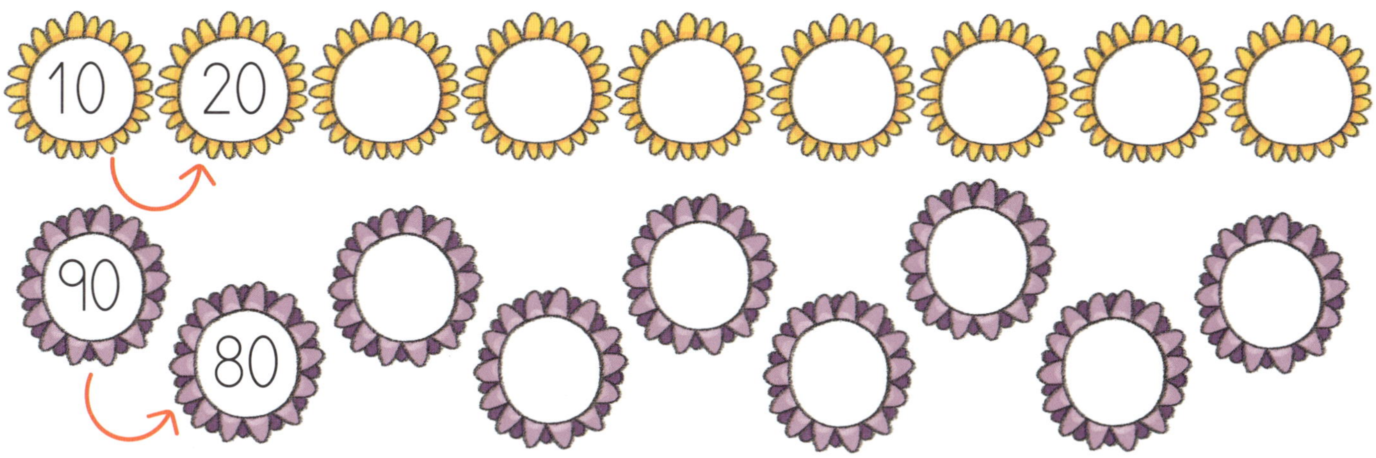

COMPAREM NOMBRES

PER GUANYAR LA RIFA, EL TEU NOMBRE HA DE SER IGUAL QUE EL PREMIAT.

ELS NOMBRES ES PODEN COMPARAR. CADA NOMBRE POT SER **MÉS GRAN**, **MÉS PETIT** O **IGUAL** QUE UN ALTRE. ES REPRESENTA AIXÍ:

$>$ MÉS GRAN QUE **$<$ MÉS PETIT QUE** **$=$ IGUAL QUE**

3 ÉS **MÉS PETIT QUE** 9

$3 < 9$

13 ÉS **MÉS GRAN QUE** 5

$13 > 5$

4 ÉS **IGUAL QUE** 4

$4 = 4$

FES SERVIR EL TEU MATERIAL PER COMPROVAR QUE 15 ÉS MÉS PETIT QUE 20.

PER COMPARAR NOMBRES DE DUES XIFRES, PRIMER ES COMPAREN LES DESENES I, SI SÓN IGUALS, DESPRÉS LES UNITATS.

28 ÉS **MÉS GRAN QUE** 25

$28 > 25$

$20 = 20$

$8 > 5$

DE QUINES PARTS DEL COS TENIM EL MATEIX NOMBRE?

LA RECTA NUMÈRICA ENS AJUDA A COMPARAR NOMBRES, EN FUNCIÓ DE LA POSICIÓ QUE OCUPEN.

70 71 72 73 74 (75) 76 77 78 79 80 (81) 82 83 84 85

$75 < 81$ $81 > 75$

PRACTIQUEM I AVANCEM

1 COMPLETA AMB <, = O >.

4 ◯ 2 52 ◯ 97 10 ◯ 9

46 ◯ 8 18 ◯ 18 26 ◯ 65

2 ORDENA DE MÉS GRAN A MÉS PETIT ELS NOMBRES DELS CLAUERS.

☐ > ☐ > ☐ > ☐ > ☐

3 FES SERVIR LA RECTA NUMÈRICA PER COMPARAR ELS NOMBRES 72 I 77.

70 71 72 73 74 75 76 77 78 79 80

72 ◯ 77 77 ◯ 72

QUIN MEMBRE DE LA TEVA FAMÍLIA TÉ MÉS EDAT?

4 QUIN NOMBRE AMB 6 DESENES ÉS EL MÉS GRAN?

5 T'ANIMES A ESCRIURE ALS REQUADRES ELS NOMBRES DE LES PORTES? COMENÇA PEL 50.

ENGANXA UN ADHESIU LILA AL NOMBRE MÉS GRAN, I UN DE VERD AL MÉS PETIT.

RESOLEM OBSERVANT UN DIBUIX

HI HA IMATGES I ESCENES QUE PROPORCIONEN DADES PER RESOLDRE UN PROBLEMA I, A MÉS, S'AJUDEN D'ALGUN NOMBRE O PARAULA.

DE QUI ÉS CADA CARRO?

PER RESOLDRE-HO, HAS DE COMPARAR ELS PRODUCTES DE LES LLISTES AMB ELS CARROS.

ES POT COMENÇAR, PER EXEMPLE, AMB LA LLISTA DEL NIL I EL CARRO VERD.

- ☑ 2
- ☒ 4 AMPOLLES
- ☑ 5
- ☑ 1 DESENA

NO POT SER EL SEU CARRO; TÉ MÉS AMPOLLES DE LLET.

DESPRÉS, ES COMPROVA QUE LA LLISTA DEL NIL TÉ ELS PRODUCTES DEL CARRO TARONJA.

FINALMENT, CAL COMPROVAR QUE LA LLISTA DE L'ALÍCIA CORRESPON AMB EL CARRO VERD.

- ☑ 2
- ☑ 6 AMPOLLES
- ☑ 5
- ☑ 1 DESENA

SÍ, HI SÓN TOTS ELS PRODUCTES.

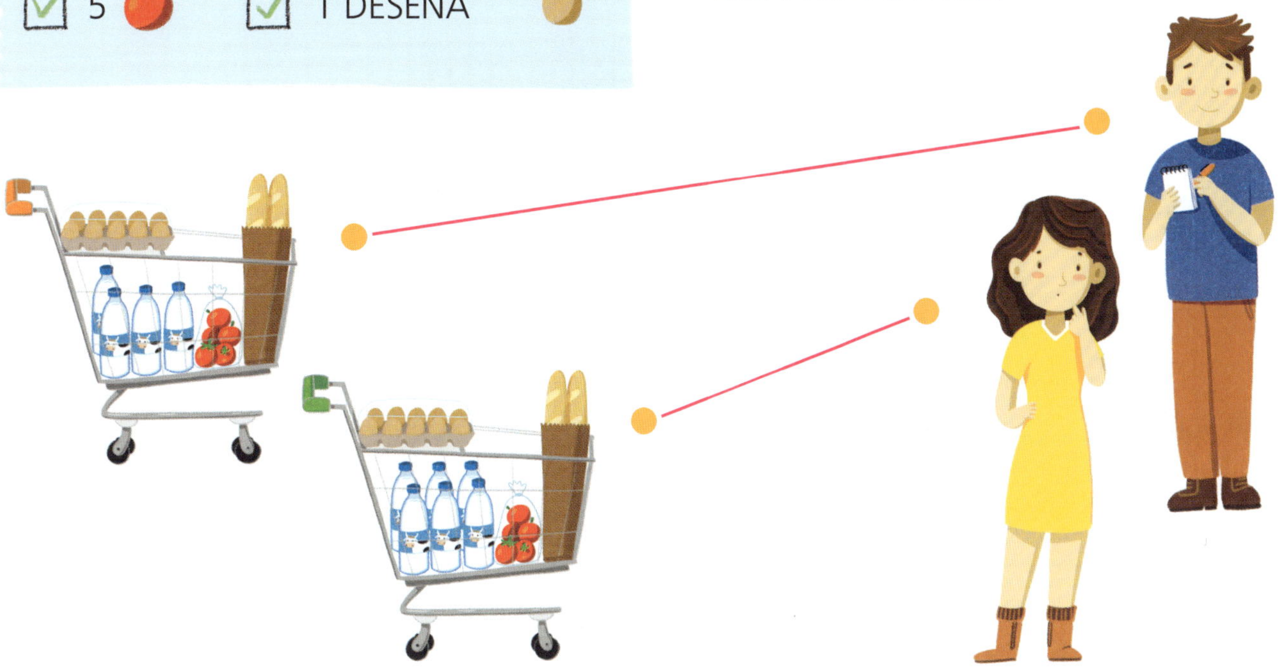

PRACTIQUEM I AVANCEM

COMPROVA CADA PAS AMB LES IMATGES.

1 **A L'HELENA NOMÉS LI QUEDA UNA CARTA PER GUANYAR. QUI ÉS L'HELENA? ENCERCLA-LA.**

QUIN ANIMAL TÉ A LA SEVA CARTA? SEGUEIX LES PISTES, RATLLA EN CADA CAS I COMPLETA.

L'ANIMAL DE LA SEVA CARTA NO TÉ ALES

NO ÉS L' ______________________ NI LA ______________________.

L'ANIMAL DE LA SEVA CARTA NO VIU AL MAR

NO ÉS EL ______________________ NI EL ______________________.

L'ANIMAL DE LA SEVA CARTA NO TÉ QUATRE POTES

SOLUCIÓ ÉS L' ______________________.

2 **PODRIES RESOLDRE EL PROBLEMA SI LES CARTES ESTIGUESSIN TAPADES?**

SÍ ☐ NO ☐

QUÈ HEM APRÈS?

1 DESPRÈN I ENGANXA CADA OMBRA ON CORRESPONGUI I REPASSA EL QUE HAS APRÈS.

SEGUEIXEN UN ORDRE.

57 58 59 60

S'AGRUPEN DE 10 EN 10 FORMANT DESENES.

70 80 90

ELS NOMBRES

ES PODEN COMPARAR PER VEURE SI SÓN:

REVISA EL TEU KANBAN. ET QUEDA ALGUNA COSA PER FER?

MUNTEM LA RIFA?

JA ESTEM PREPARATS PER FER ELS BITLLETS.

1. OBSERVA EL BITLLET I COMPLETA ELS NOMBRES QUE HI FALTEN.

2. PREPARA 10 TIRES FENT SERVIR LES QUE HI HA AL FINAL DEL LLIBRE. ESCRIU-HI ELS NOMBRES DEL 0 AL 99.

3. RETALLA LES TIRES I POSA-LES EN UNA BOSSA. JA HAS COMPLETAT LA TEVA MISSIÓ A LA RIFA!

3 RUTA ANIMAL

Les cartes han caigut i estan totes barrejades. Busca les parelles i pinta-les del mateix color. En queda cap sense parella?

JUGA A MOURE'T COM ELS ANIMALS. CREA UN CIRCUIT AMB OBSTACLES I RECORRE'L COM UN DELS ANIMALS. NO T'OBLIDIS DE FER ELS SENYALS!

QUÈ EN SABEM?

1 **FES UN DIBUIX AMB ELS ADHESIUS SEGUINT AQUESTES INDICACIONS.**

COM S'ANOMENEN AQUESTES FIGURES?

2  a la part de dalt

3  a la part de baix

4  al costat de 2 

1  entre 2

PER ON COMENCEM?

1 QUÈ NECESSITES PER CREAR UN CIRCUIT ESPORTIU? ASSENYALA-HO.

- Pensar com és el recorregut. ☐
- Buscar o construir obstacles. ☐
- Saber on has de col·locar els obstacles. ☐
- Recitar una poesia. ☐
- Donar indicacions per recórrer el circuit. ☐
- Crear senyals amb les normes. ☐
- Conèixer els planetes. ☐

A QUI POTS PREGUNTAR PER SABER MÉS COSES SOBRE ELS CIRCUITS?

ESCRIU QUÈ ÉS EL PRIMER QUE PENSES QUE HAS DE FER.

2 ORDENA LES TASQUES AL KANBAN. AIXÍ NO T'OBLIDARÀS DE RES.

IDENTIFIQUEM POSICIONS

LES PERSONES, ELS ANIMALS, LES PLANTES I ELS OBJECTES ES POSICIONEN A L'ESPAI AMB RELACIÓ A UNS ALTRES.

a sota del paraigua

dins del llac

fora del llac

al costat de la dona

A SOBRE DE QUÈ ET POSARIES AL QUADRE? DESCRIU LA TEVA POSICIÓ.

PRACTIQUEM I AVANCEM

CAL SABER COM POSAR ELS OBSTACLES.

1 ESCRIU EL NOMBRE PER RELACIONAR CADA FOTOGRAFIA AMB LES POSICIONS QUE REPRESENTA.

1. Dins-fora   2. Sobre-sota   3. Davant-darrere

2 POSA L'ADHESIU DE LA FORQUILLA A LA TEVA ESQUERRA I EL DEL GANIVET, A LA TEVA DRETA.

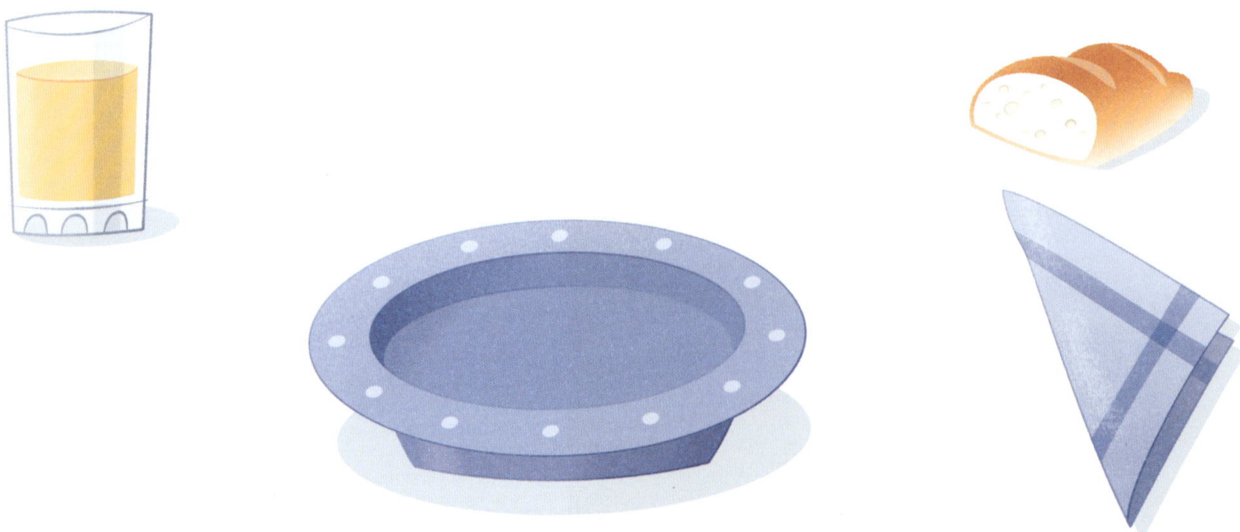

3 RATLLA LES FIGURES DIFERENTS DEL MODEL.

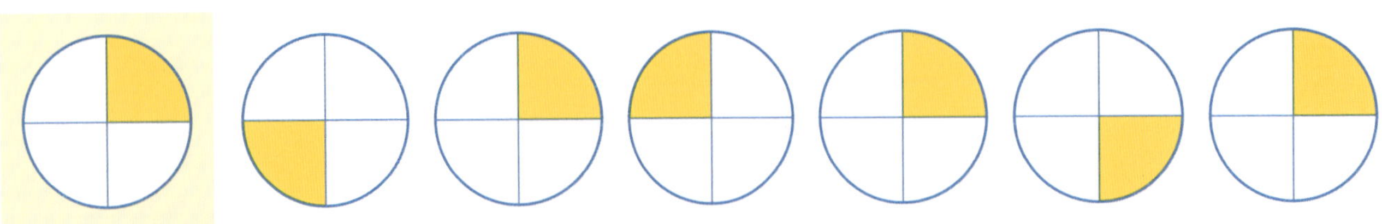

RUTINA
Comparem

4 ÉS EL MATEIX DIBUIX?

EN QUÈ S'ASSEMBLEN?

EN QUÈ ES DIFERENCIEN?

QUÈ HEM APRÈS?

CLASSIFIQUEM LÍNIES

LES LÍNIES PODEN SER:

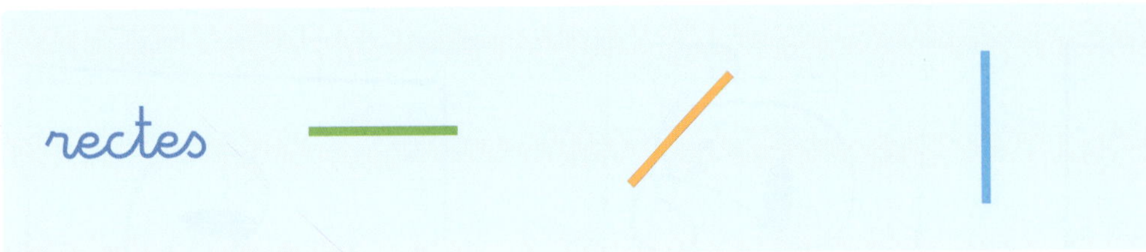

LES RECONEIXES EN AQUESTES CARRETERES?

I TAMBÉ PODEN SER:

obertes

tancades

BUSCA LÍNIES OBERTES I LÍNIES TANCADES.

PRACTIQUEM I AVANCEM

1 **UNEIX.**

recta   corba

oberta   tancada

2 **ENCERCLA ELS OBJECTES QUE TENEN LÍNIES CORBES.**

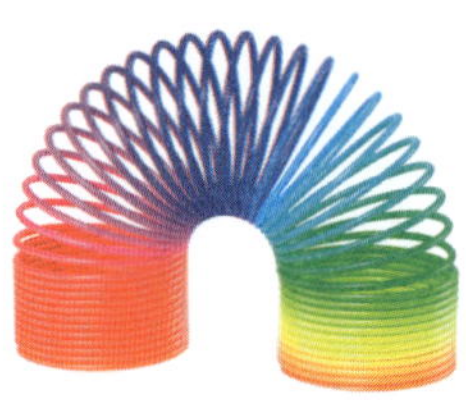

AMB QUIN TIPUS DE LÍNIA ESTAN ESCRITS ELS TEUS NOMBRES MÒBILS? COMPROVA-HO.

AIXÒ ET DONARÀ IDEES PER AL TEU CIRCUIT!

3 **DIBUIXA UN CAMÍ NOMÉS AMB LÍNIES RECTES I UN ALTRE AMB LÍNIES CORBES.**

RECTES

CORBES

RECONEIXEM FIGURES

RECORDA'T DE MOURE LA TASCA AL TEU KANBAN.

LES FIGURES GEOMÈTRIQUES PLANES SÓN ESPAIS DELIMITATS PER LÍNIES.

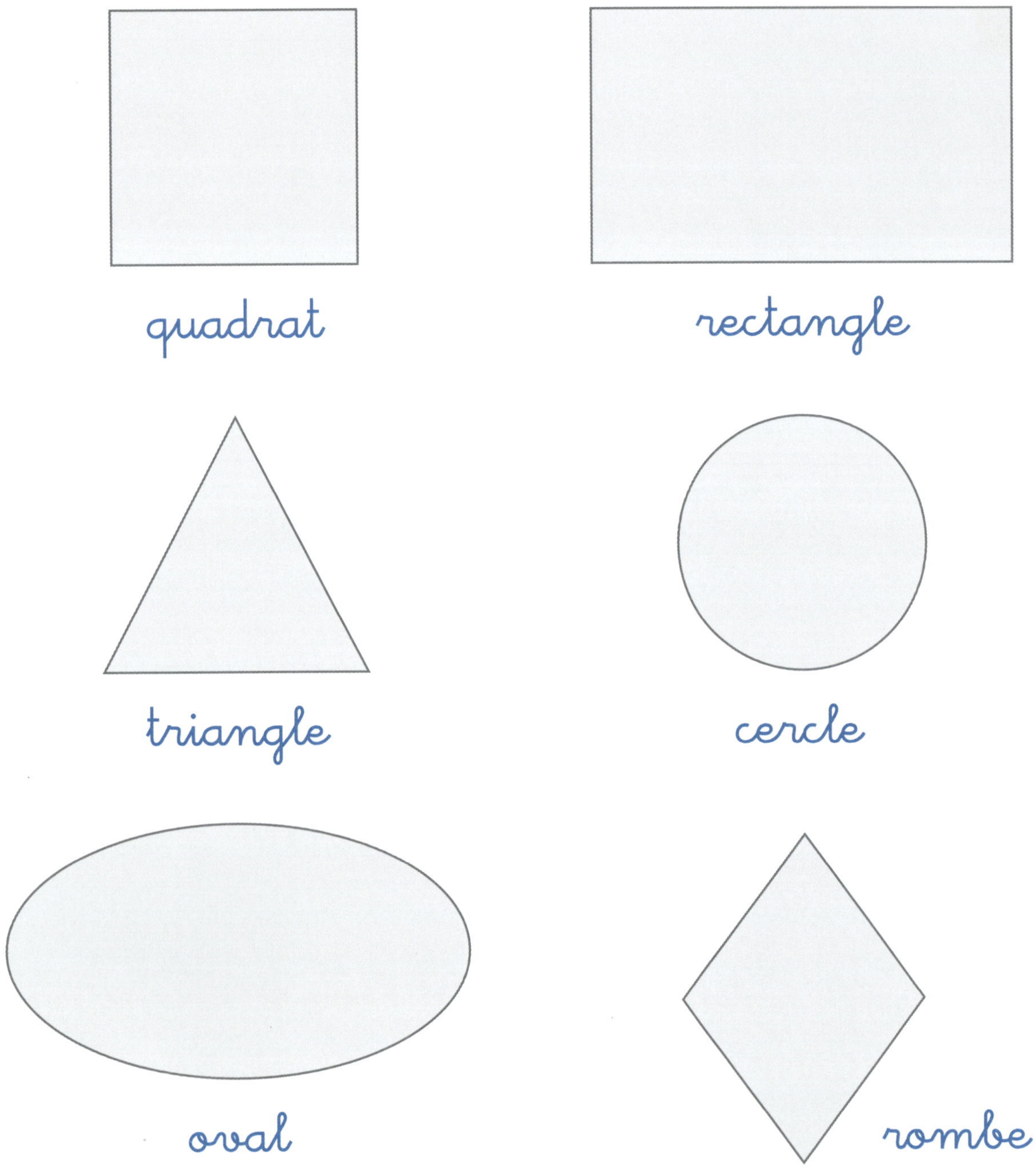

QUINA RELACIÓ TENEN AQUESTES FIGURES AMB LES LÍNIES DE LES PÀGINES ANTERIORS?

AL VOLTANT NOSTRE HI HA MOLTS ELEMENTS
AMB AQUESTES FORMES. ELS VEUS?

ELS SENYALS DE TRÀNSIT TENEN FORMA DE FIGURA GEOMÈTRICA. FES-LOS IGUAL AL CIRCUIT!

som-hi!

PRACTIQUEM I AVANCEM

1 DESPRÈN I ENGANXA LES FIGURES ON CORRESPON.

rombe | rectangle | oval

2 QUINA FIGURA ÉS IGUAL AL MODEL, TOT I QUE HAGI CANVIAT DE POSICIÓ? FIXA'T EN L'ORDRE DELS COLORS.

3 **FES SERVIR CADASCUNA D'AQUESTES FIGURES PER DIBUIXAR UN OBJECTE REAL.**

RESOLEM AMB UNA IMATGE

LA SOLUCIÓ D'UN PROBLEMA NO HA DE SER NECESSÀRIAMENT UN NOMBRE O UN TEXT. TAMBÉ POT SER LA COMPOSICIÓ D'UNA IMATGE. FIXA'T COM ES RESOL AQUEST PROBLEMA.

ON ESTAVEN GUARDADES LES JOGUINES? LLEGEIX LES FRASES I UTILITZA ELS ADHESIUS.

LLEGEIX LES INDICACIONS I COMPON LA IMATGE PAS A PAS. TINGUES EN COMPTE QUE LES DADES NO SEMPRE ESTAN EN ORDRE.

El robot era al costat de la nina. → NO ES POT COL·LOCAR, NO SE SAP ON VA LA NINA.

La nina era damunt de la taula. → ARA ES PODEN COL·LOCAR LA NINA I EL ROBOT.

El cotxe era al costat de les peces. → NO ES POT COL·LOCAR, NO SE SAP ON VAN LES PECES.

Les peces eren entre els prestatges. → ARA ES PODEN COL·LOCAR LES PECES I EL COTXE.

PRACTIQUEM I AVANCEM

RECORDA: SI NO POTS FER SERVIR UNA DADA, PASSA A LA SEGÜENT.

1 **COM VAN ASSEGUDES AQUESTES PERSONES AL TREN? LLEGEIX, DESPRÈN I ENGANXA.**

1. El nen i l'avi van asseguts junts.
2. La dona va darrere del nen.
3. L'home va al costat de la finestra.
4. L'avi va davant de l'home.

SOLUCIÓ

HI HA PROBLEMES EN QUÈ LES DADES NOMÉS SÓN VISUALS.

2 **QUINES PECES UTILITZARIES PER FORMAR AQUESTES FIGURES? PINTA-LES DEL COLOR QUE CORRESPONGUI.**

SOLUCIÓ

QUÈ HEM APRÈS?

1 REPASSA EL RECORREGUT DEL QUE HAS APRÈS.

COMPROVA EL TEU KANBAN. QUÈ T'HA SEMBLAT MÉS DIFÍCIL?

UN CIRCUIT ANIMAL

ARA JA POTS CREAR EL TEU PROPI CIRCUIT.

En quin animal et convertiràs?

1. TRIA OBSTACLES SEGONS LES INDICACIONS QUE VULGUIS DONAR.

2. DIBUIXA EL RECORREGUT I PENSA ON COL·LOCARÀS ELS OBSTACLES.

3. ESCRIU O DIBUIXA LES INSTRUCCIONS DEL RECORREGUT.

4. CONSTRUEIX SENYALS PERQUÈ TOTHOM SÀPIGA QUÈ HA DE FER.

5. VOTEU EL CIRCUIT QUE US AGRADI MÉS I MUNTEU-LO AL PATI.

núm.	núm.	núm.
núm.	núm.	núm.
núm.	núm.	núm.
núm.	núm.	núm.
núm.	núm.	núm.
núm.	núm.	núm.
núm.	núm.	núm.
núm.	núm.	núm.
núm.	núm.	núm.
núm.	núm.	núm.

RASCA I ENGANXA

18

30

0	1	2	3	4	5	6	7	8	9
0	1	2	3	4	5	6	7	8	9
0	1	2	3	4	5	6	7	8	9

10	10	10	20	20	20

30	30	30	40	40	40
50	50	50	60	60	60
70	70	70	80	80	80
90	90	90	>	<	=

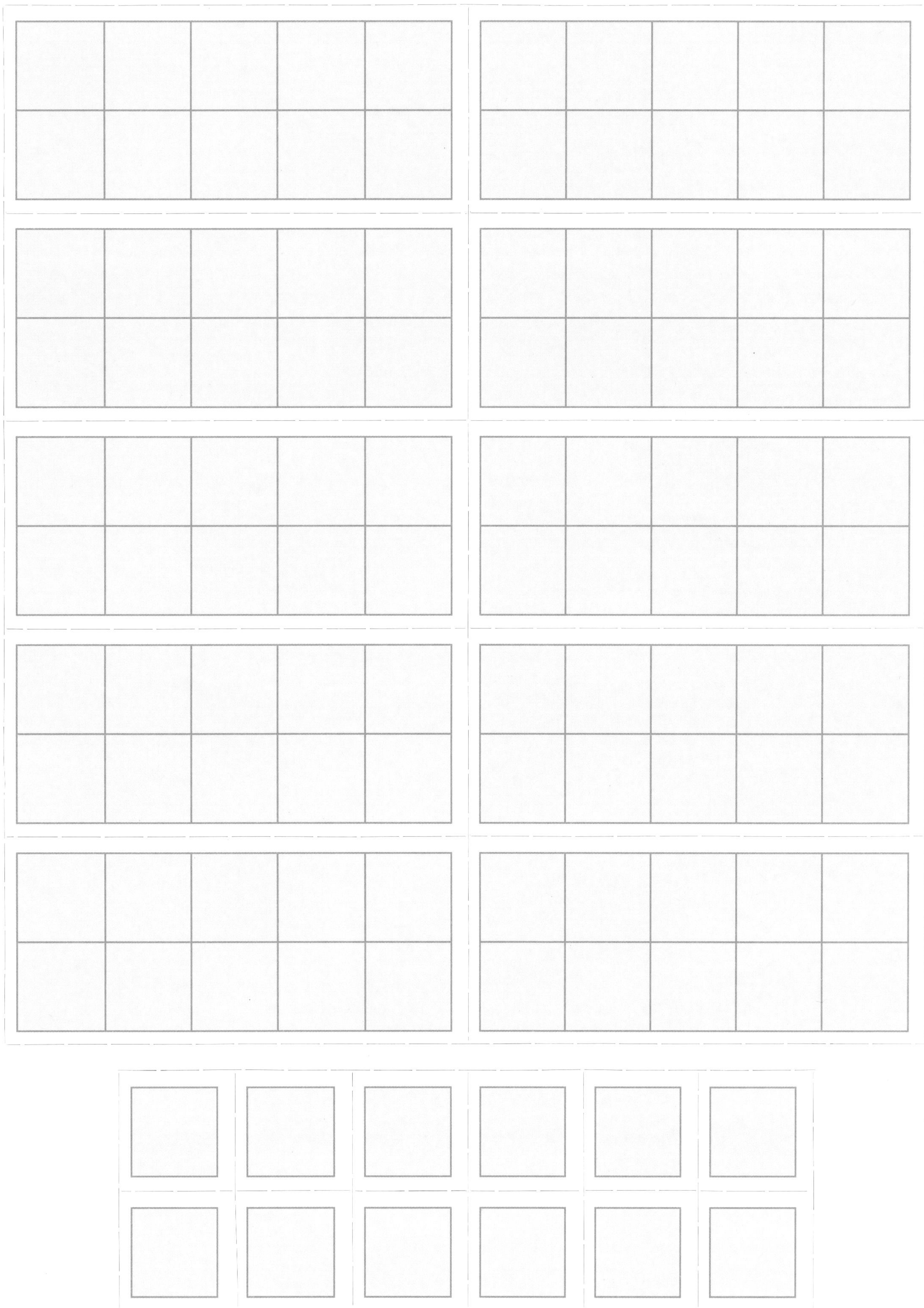

ALT SECRET

Per a: MUSEU MIL·LENARI

INVENTARI COVA DEL MAR

Objectes trobats

TRENTA-VUIT

QUARANTA-SET

54

MÉS GRAN QUE

5 > 4

IGUAL QUE

5 = 5

MÉS PETIT QUE

4 < 5

70

74

10

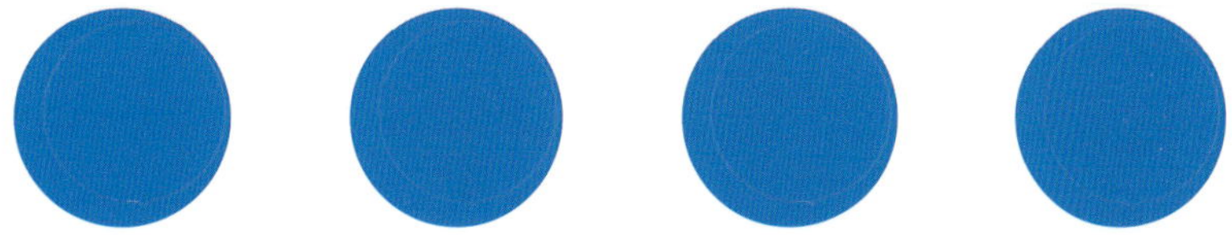

27

49

58

62

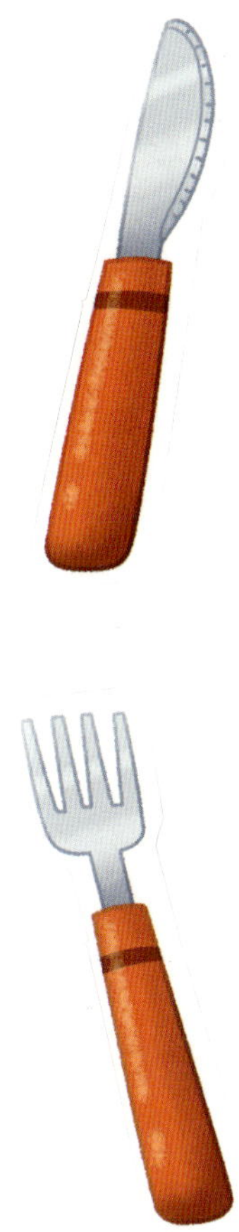